讲故事话安全

JIANG GUSHI HUA ANQUAN

安全用电在身边

（农村用电）

钱家庆 编著

中国电力出版社
CHINA ELECTRIC POWER PRESS

内 容 提 要

本书以农村生活中所涉及的农、林、牧、副、渔五大类农用电器为主线，以漫画情景剧小故事的形式，把农用电器的安全使用或违反安全使用规定所造成的后果进行了生动的讲解，以达到普及安全用电科学知识的目的。

本书可以作为进社区、进企业、进学校、进农村、进家庭或上街宣传安全用电知识的宣传材料，也可以作为村民委员会等公共事业相关职能部门和农业机械企业宣传安全用电活动的科普教材。

图书在版编目（CIP）数据

讲故事 话安全 安全用电在身边 . 农村用电 / 钱家庆编著 . —北京：中国电力出版社，2015.10（2019.5 重印）
ISBN 978-7-5123-8285-5

Ⅰ . ①讲… Ⅱ . ①钱… Ⅲ . ①农村 – 安全用电 – 普及读物 Ⅳ . ① TM92-49

中国版本图书馆 CIP 数据核字（2015）第 223387 号

中国电力出版社出版、发行　　北京瑞禾彩色印刷有限公司印刷　各地新华书店经售
（北京市东城区北京站西街 19 号　100005　http://www.cepp.sgcc.com.cn）
2015 年 10 月第一版　　2019 年 5 月北京第九次印刷　　印数 25971—28970册
889 毫米 ×1194 毫米　　横 48 开　　1.25 印张　　35 千字　　定价 **9.00** 元

电能是清洁的二次能源，已经广泛应用于从工业、农业到生产、生活的各个方面，有力地推动了人类社会的发展，给人们创造巨大财富的同时，大大提升了人们的生活质量。现代社会越发展对电能的依赖程度越高，但是，如果不能安全使用电器设备即会瞬间引发触电、机械伤害、火险甚至爆炸、中毒等意外事件。

本书以漫画为载体，以情景剧的形式，将典型的工业电器、农业电器、家用电器在使用中所涉及的理论知识和不安全使用电器设备所造成的事故通过安全用电小故事进行介绍，用以提高广大民众的安全用电意识。

目录 CONTENTS

目录 CONTENTS

麦农急需给麦田浇灌浆水。

1. 抽水机　>>

抽水机抬到地头，但是，不能起动。

电动机械在使用前要进行全面检修和保养。

一、农

1. 抽水机　>>

在供电公司服务队的帮助下，抽水机正常工作。

稻农将抢收的水稻及时脱粒，送去干燥。

帮工发现胳膊发麻。

使用电器设备，接地必须牢固，不然有触电的危险。

使用电器设备必须可靠接地。

2. 脱粒机　>>

在供电公司服务队帮助下消除了设备隐患。

封家堡粮站

稻农将稻谷送到粮食收购站。

3. 皮带输送机 >>

经过评级后送往粮库。

稻农发现粮食输送机辊筒被卡住，准备帮忙清除。

　　清除皮带输送机辊筒上的杂物必须要先切断电源，幸亏被工作人员制止，避免人身事故。

林场封山育林，职工们种植楠竹。

二、林

> 按照种植的顺序，只砍伐4年以上的楠竹，现在应该够了，从长远看还是不够。

> 场长，山前山后都种上毛竹了。

林场开发竹地板生产替代林木作为经济来源，利用所有的土地种植楠竹。

供电公司服务队在现场宣传，电力线路走廊范围内不得种植竹木。

二、林

林场职工在供电公司服务队的帮助下重新规划，让出了线路走廊。

雪莲菇

林场利用场地之便，养殖真菌。

2. 木粉粉碎机 >>

用打碎的木粉作为养殖真菌的基料。

农场职工徒手去清理粉碎机的卡料，造成左手被切断。

工伤职工讲解，必须严格按照操作规程使用电器设备。

林场领导给护林员送来了新的电热毯。

护林员折叠使用电热毯造成损毁，场部派人来更换。

护林小屋能洗上热水澡、听广播这是想都不敢想的事。

护林员对护林小屋能用上电非常满意。

3. 电热毯 >>

林场场部人员讲解，电热毯不能折叠使用。

奶牛养殖场经理到现场检查奶牛饲料指标。

1. 饲料打包机 >>

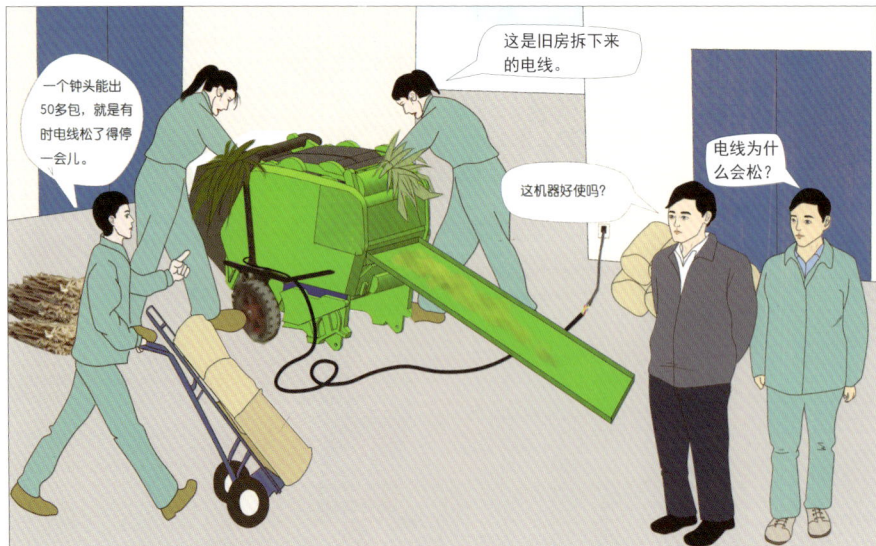

奶牛养殖场经理现场了解青贮饲料打包机的情况。

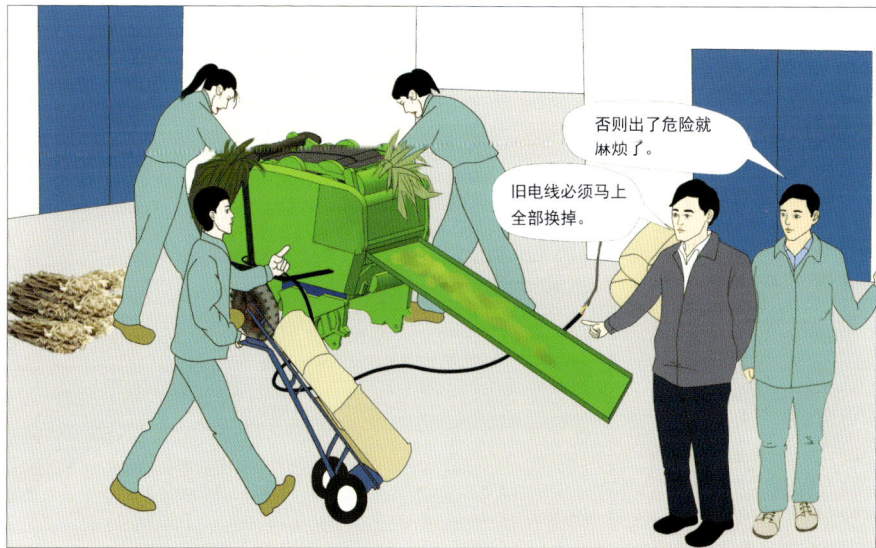

否则出了危险就
麻烦了。

旧电线必须马上
全部换掉。

　　使用旧电线由于绝缘降低、接头松动等原因，极易造成人员触电和火灾事故。

三、牧

黑山羊养殖场的青贮饲料告急。

由于赶产量送料集中，秸秆粉碎机被卡住了。

工人们从送料口将秸秆清理干净。

正常了，送料要匀着送，就不会卡住了。

秸秆粉碎机送料要均匀，若发现有杂声、轴承与机体温度过高或向外喷料等现象，应立即停机检查，排除故障。

三、牧

2. 秸秆粉碎机 >>

> 好的。

> 大家好，我是供电公司的安吉儿，开展安全用电普查，请您配合。

供电公司服务队到黑山羊养殖场开展安全用电普查。

两位，不要站在粉碎机的正面，容易被长秸秆抽到的。

送料时，工作人员应站在秸秆粉碎机侧面，以防被反弹出的杂物打伤。

粉碎长茎秆时手不可抓得过紧，以防手被带入。

太感谢了，我们天天使用这些设备，安全意识还是不够强。

养殖场职工感谢供电公司的服务。

四、副

供电公司服务队到油坊进行安全用电普查活动。

发现电动石磨传动皮带外边未安装防护罩。

发现电动撇油机传动皮带外边未安装防护罩。

在油坊老板的配合下，立即落实整改措施。

供电公司服务队到机米作坊进行安全用电普查活动。

在停机前先停止送料，待机内物料排除干净后，再切断电源停机。

停机后要进行清扫和维护保养。

龙雾茶厂

炒青的季节到了。

炒茶女的电炒茶锅不热了，小伙子主动帮忙。

专用电器设备应到指定的售后定点维修单位维修。

五、渔

1. 饲料颗粒机 >>

太平洋锦鲤养殖场

锦鲤养殖场，工人们给锦鲤投放饲料。

饲料颗粒机起动后应先空转 2～3 分钟，无异常现象后再投料工作。

五、渔

锦鲤养殖场聘请的技师叮嘱定点开增氧机。

增氧机在使用中发出异常音响，先停电再判断。

2. 增氧机 >>

增氧机缺相运行要及时修复，避免烧损电动机。